런런 옥스퍼드 수학

KB130635

4권

덧셈과 뺄셈

안녕!
나는 무어고
이 친구는 레스야.

차 례

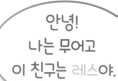

 수 세기

 동그라미 하기

 선 잇기

 그리기

 쓰기

 연필로 따라 쓰기

 놀이하기

 스티커 붙이기

 색칠하기

수 비교 – 더 많은 것 찾기

나무의 수를 세어 봐.
어느 쪽이 더 많을까?

 수가 더 많은 쪽에 색칠하세요.

컵케이크가 더 많은 접시에 색칠하세요.

점이 더 많은 개에 색칠하세요.

별이 더 많은 깃발에 색칠하세요.

물고기가 더 많은 어항에 색칠하세요.

구슬이 더 많은 목걸이에 색칠하세요.

더 큰 수에 ◯표 하세요.

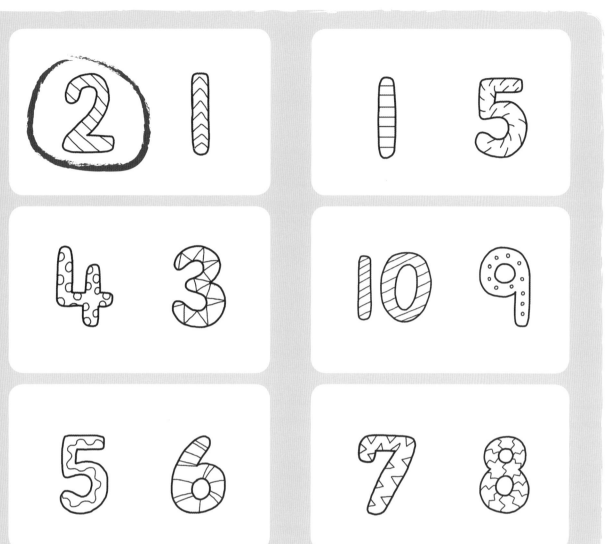

장난감이나
그림책, 크레파스의
수를 세어 봐.

잘했어!

칭찬 스티커를
붙이세요.

 수 세기 놀이

주방에서 부모님과 함께 숟가락과 포크를 정리해 봐요. 각각의 수를 세어 보고,
둘 중 어느 것이 더 많은지 말해 보세요.

각각의 종이 카드에 2부터 9까지 수를 써요. 부모님이 숫자 카드를 하나 고르면,
그 수보다 큰 수가 쓰인 카드를 모두 찾아보세요.

문제를 다 푼 다음, 32쪽으로!

1 더하기

 빈칸에 왼쪽 그림보다 하나 더 많이 그림을 그리세요.

무어의 뿔을 보면서 1만큼 더 큰 수를 찾아봐.

같은 그림을 하나 더 그린 다음, 수를 세어 ☐ 안에 쓰세요.

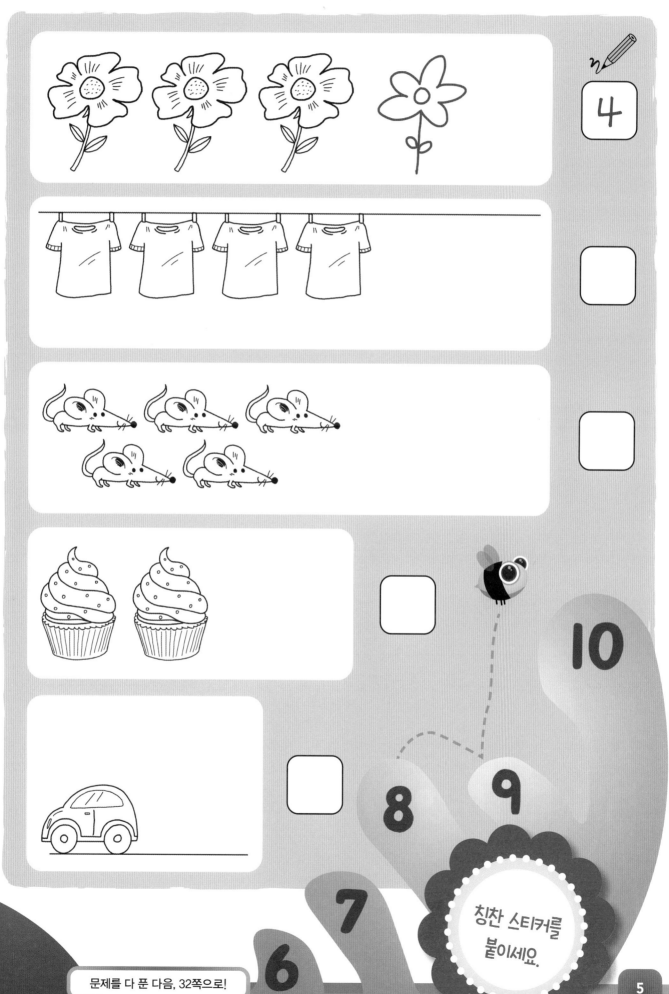

4

칭찬 스티커를 붙이세요.

수직선을 이용한 덧셈 (1)

 수직선에서 1 더한 수를 찾아 ☐ 안에 쓰세요.

수직선 위의 점선을 화살표 방향으로 따라 그려 봐. 2에 1을 더하면 3이야.

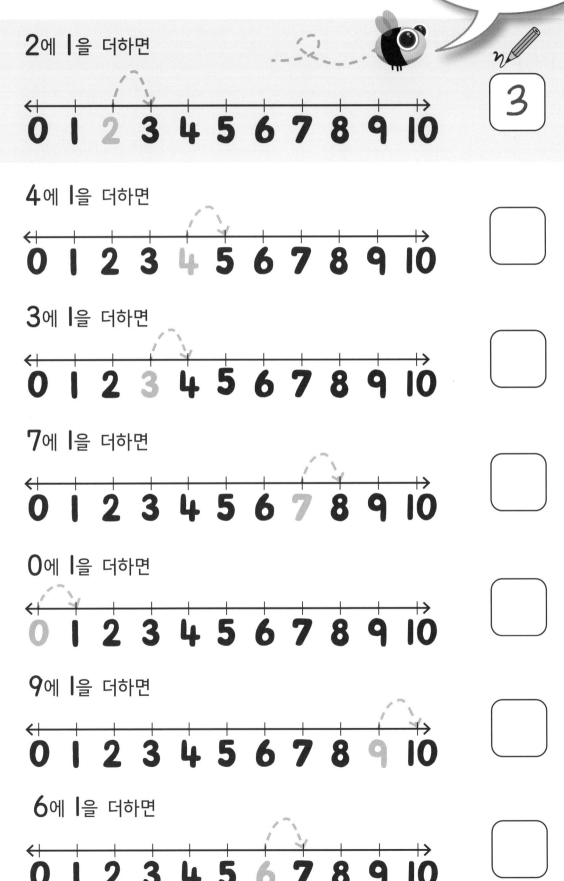

2에 1을 더하면

0 1 2 3 4 5 6 7 8 9 10

3

4에 1을 더하면

0 1 2 3 4 5 6 7 8 9 10

3에 1을 더하면

0 1 2 3 4 5 6 7 8 9 10

7에 1을 더하면

0 1 2 3 4 5 6 7 8 9 10

0에 1을 더하면

0 1 2 3 4 5 6 7 8 9 10

9에 1을 더하면

0 1 2 3 4 5 6 7 8 9 10

6에 1을 더하면

0 1 2 3 4 5 6 7 8 9 10

각각의 수에 **1**을 더하면 몇인지 ◯ 안에 쓰세요.

2에 **1**을 더하면 ┌ 3 ┐

2 + 1 = 3
덧셈식으로
나타낼 수 있어.

5에 **1**을 더하면 ☐

3에 **1**을 더하면 ☐

8에 **1**을 더하면 ☐

6에 **1**을 더하면 ☐

1에 **1**을 더하면 ☐

잘했어!

9에 **1**을 더하면 ☐

칭찬 스티커를
붙이세요.

4에 **1**을 더하면 ☐

7에 **1**을 더하면 ☐

문제를 다 푼 다음, 32쪽으로!

그림을 이용한 덧셈

 스티커를 붙인 다음, 모두 몇인지 수를 세어 말해 보세요.

2를 더해요.

4를 더해요.

5를 더해요.

7을 더해요.

나는 스티커가 좋아!

그림을 그리고 모두 몇인지 수를 센 다음,
그 수만큼 점을 그리세요.

꽃을 3개 더 그리면
모두 5개. 점도 5개를
그리면 돼.

3개를 더 그려요.

2개를 더 그려요.

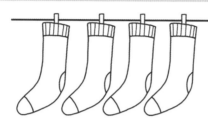

6개를 더 그려요.

5개를 더 그려요.

10

 더하기 놀이

둘이 짝을 지어 손가락 더하기 게임을 해요.
한 손을 등 뒤로 숨기고 자유롭게 손가락을 펴거나
접은 다음, 하나, 둘, 셋 하면 동시에 앞으로 내밀어요.
펼친 손가락을 모두 더한 수를 먼저 말하는 사람이
이기는 게임이에요. 편 손가락의 수를 달리해서
여러 번 게임할 수 있어요.

8

9

7

칭찬 스티커를
붙이세요.

문제를 다 푼 다음, 32쪽으로!

6

수직선을 이용한 덧셈 (2)

수직선에서 두 수를 더한 값을 찾아 ⬚ 안에 쓰세요.

1에 2를 더하면

3에 3을 더하면

1에 4를 더하면

5에 5를 더하면

2에 6을 더하면

2에 7을 더하면

0에 8을 더하면

1에 9를 더하면

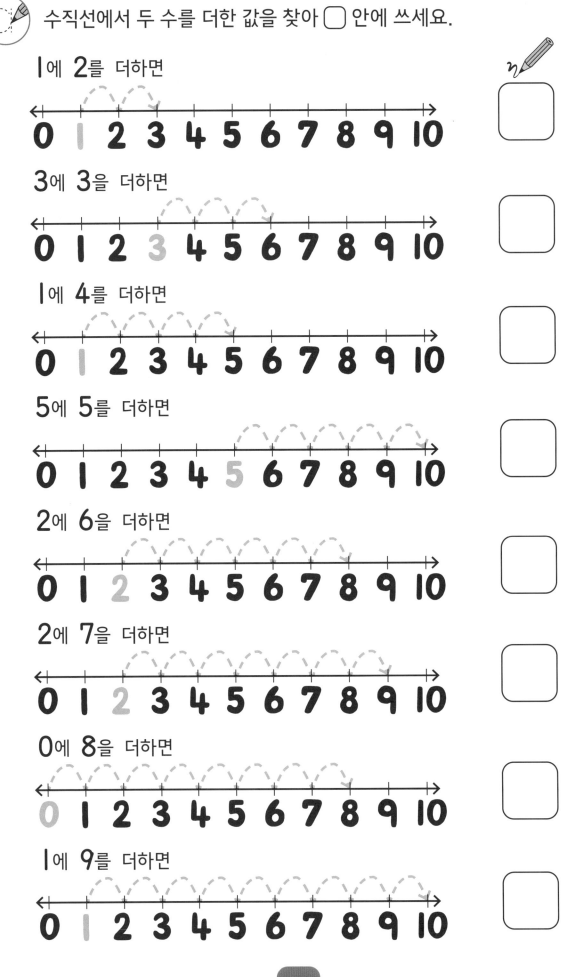

두 수를 더하면 몇인지 ◯ 안에 쓰세요.

1에 **2**를 더하면 ☐

3에 **2**를 더하면 ☐

5에 **3**을 더하면 ☐

1에 **9**를 더하면 ☐

4에 **5**를 더하면 ☐

1에 **6**을 더하면 ☐

8에 **2**를 더하면 ☐

2에 **7**을 더하면 ☐

아직 더하기가 어려울 수 있어. 그럼 수직선을 그려서 두 수를 더해 봐.

╋ 기호는 '더하라'는 뜻이야.

잘했어!

칭찬 스티커를 붙이세요.

 더하기 놀이

집에 있는 문의 수를 세어 보세요. 창문의 수도 세어 보세요.
문과 창문의 수를 더하면 모두 몇인지 말해 보세요.

친구와 둘이 짝을 지어 주사위 놀이를 해요. 주사위를 하나씩 나누어 갖고
동시에 굴려요. 두 주사위에 나온 점의 수를 더해서 먼저 말하는 사람이
이기는 거예요.

문제를 다 푼 다음, 32쪽으로!

수 비교 – 더 적은 것 찾기

 수가 더 적은 쪽에 색칠하세요.

수를 세어서 비교해 봐.
어느 쪽이 더 적을까?

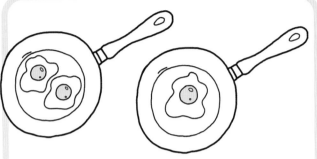

달걀프라이가 더 적은 프라이팬에
색칠하세요.

점이 더 적은 무당벌레에 색칠하세요.

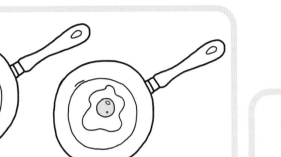

별이 더 적은 양말에 색칠하세요.

리본이 더 적은 연에 색칠하세요.

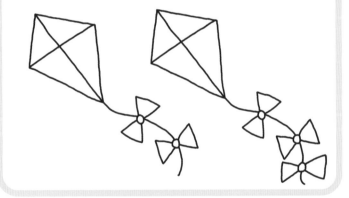

초콜릿이 더 적은 비스킷에
색칠하세요.

이가 더 적은 얼굴에 색칠하세요.

더 작은 수에 ◯표 하세요.

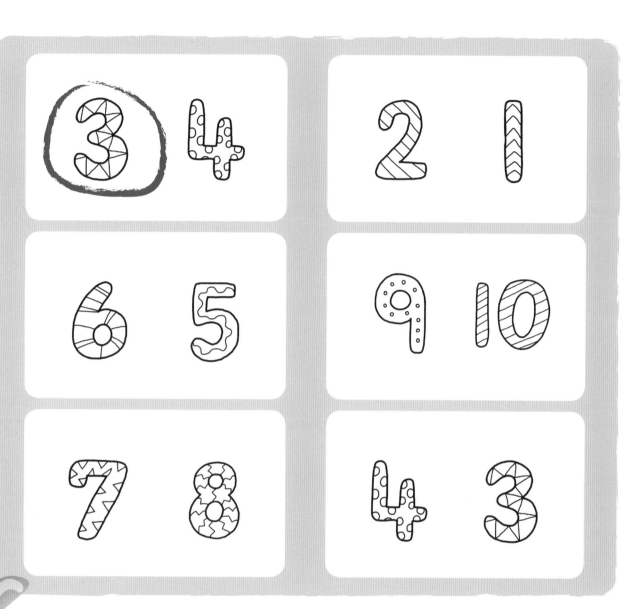

③ 4	2 1
6 5	9 10
7 8	4 3

잘했어!

칭찬 스티커를 붙이세요.

문제를 다 푼 다음, 32쪽으로!

1 빼기

 그림 하나에 X표 하고, 남은 수를 ☐ 안에 쓰세요.

  남은 수 [1]

     남은 수 [ ]

   남은 수 [ ]

       남은 수 [ ]

남은 수 [ ]

 남은 수 [ ]

점 하나를 뺀 수만큼 빈 곳에 점을 그리세요.

점 하나에
X표 하고 남은 수가
몇인지 세어 봐.

문제를 다 푼 다음, 32쪽으로!

수직선을 이용한 뺄셈 (1)

 수직선에서 1 뺀 수를 찾아 ◯ 안에 쓰세요.

3에서 1을 빼면

0 1 2 3 4 5 6 7 8 9 10

2

5에서 1을 빼면

0 1 2 3 4 5 6 7 8 9 10

9에서 1을 빼면

0 1 2 3 4 5 6 7 8 9 10

1에서 1을 빼면

0 1 2 3 4 5 6 7 8 9 10

7에서 1을 빼면

0 1 2 3 4 5 6 7 8 9 10

10에서 1을 빼면

0 1 2 3 4 5 6 7 8 9 10

수직선 위의 점선을 화살표 방향으로 따라 그려 봐. 1을 뺀 수를 구하려면 거꾸로 수 세기 방향으로 한 칸 이동하면 돼.

각각의 수에서 l을 빼면 남은 수가 몇인지 ◯ 안에 쓰세요.

5에서 l을 빼면 ☐

3에서 l을 빼면 ☐

8에서 l을 빼면 ☐

2에서 l을 빼면 ☐

7에서 l을 빼면 ☐

4에서 l을 빼면 ☐

10에서 l을 빼면 ☐

9에서 l을 빼면 ☐

6에서 l을 빼면 ☐

5 - l = 4
뺄셈식으로
나타낼 수 있어.

잘했어!

칭찬 스티커를
붙이세요.

 거꾸로 수 세기 놀이

둘이 짝을 지어 10부터 거꾸로 수 세기 놀이를 해요. 한 사람이 10을 말하면
다른 사람은 9를 말하는 식으로 계속 번갈아서 거꾸로 수를 세는 거예요.
익숙해지면 이번에는 한 사람이 10, 9, 다른 사람이 8, 7과 같이 세는 수를
늘리면서 놀이해 보세요.

문제를 다 푼 다음, 32쪽으로!

그림을 이용한 뺄셈

 빼는 수만큼 그림에 X표 하고, 남은 수를 ☐ 안에 쓰세요.

2개를 빼요.

남은 수 ☐ 2

4개를 빼요.

남은 수 ☐

6개를 빼요.

남은 수 ☐

5개를 빼요.

남은 수 ☐

3개를 빼요.

남은 수 ☐

7개를 빼요.

남은 수 ☐

점을 빼고 남은 수만큼 빈칸에 점을 그리고, ◻ 안에 남은 수를 쓰세요.

점 **2**개를 빼요.

남은 수 **1**

점 **2**개를 빼요.

남은 수 ◻

점 **3**개를 빼요.

남은 수 ◻

점 **4**개를 빼요.

남은 수 ◻

점 **5**개를 빼요.

남은 수 ◻

칭찬 스티커를 붙이세요.

문제를 다 푼 다음, 32쪽으로!

수직선을 이용한 뺄셈 (2)

 수직선에서 각각의 수에서 빼고 남은 수를 찾아 ◯ 안에 쓰세요.

3에서 2를 빼면

0 1 2 3 4 5 6 7 8 9 10

남은 수 ☐ 1

5에서 3을 빼면

0 1 2 3 4 5 6 7 8 9 10

남은 수 ☐

6에서 5를 빼면

0 1 2 3 4 5 6 7 8 9 10

남은 수 ☐

10에서 7을 빼면

0 1 2 3 4 5 6 7 8 9 10

남은 수 ☐

9에서 4를 빼면

0 1 2 3 4 5 6 7 8 9 10

남은 수 ☐

8에서 6을 빼면

0 1 2 3 4 5 6 7 8 9 10

남은 수 ☐

9에서 8을 빼면

0 1 2 3 4 5 6 7 8 9 10

남은 수 ☐

각각의 수에서 빼고 남은 수를 ⬭ 안에 쓰세요.

3에서 2를 빼면 ⬭

10에서 3을 빼면 ⬭

9에서 6을 빼면 ⬭

6에서 4를 빼면 ⬭

10에서 4를 빼면 ⬭

9에서 5를 빼면 ⬭

8에서 3을 빼면 ⬭

7에서 2를 빼면 ⬭

5에서 1을 빼면 ⬭

거꾸로 수 세기는 빼기를 할 때 도움이 돼. 여전히 어려우면 수직선을 그려서 해 봐.

– 기호는 '빼라'는 뜻이야.

칭찬 스티커를 붙이세요.

 빼기 놀이

장난감 10개를 펼쳐 놓으세요. 눈을 감고 친구에게 장난감 몇 개를 가져가게 하세요. 눈을 뜨고 남은 수를 세어 본 다음, 친구가 가져간 장난감이 몇 개인지 말해 보세요. 젤리나 초콜릿으로도 빼기 놀이를 할 수 있어요.

문제를 다 푼 다음, 32쪽으로!

수직선을 이용한 덧셈과 뺄셈

 수직선을 이용해서 덧셈과 뺄셈을 하세요.

> 차례대로 수 세기는 덧셈, 거꾸로 수 세기는 뺄셈을 할 때 필요해.

5에 3을 더하면

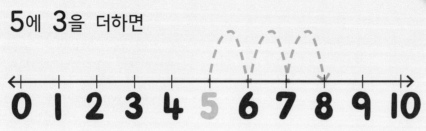

8

3에 4를 더하면

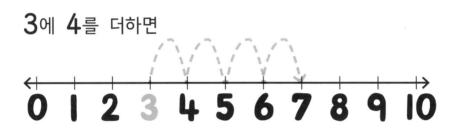

4에서 2를 빼면

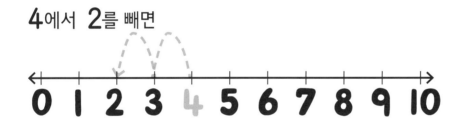

7에 3을 더하면

8에서 5를 빼면

수직선을 이용해서 덧셈과 뺄셈을 하세요.

5에서 4를 빼면

0 1 2 3 4 5 6 7 8 9 10

1에 3을 더하면

0 1 2 3 4 5 6 7 8 9 10

9에서 3을 빼면

0 1 2 3 4 5 6 7 8 9 10

10에서 5를 빼면

0 1 2 3 4 5 6 7 8 9 10

3에 6을 더하면

0 1 2 3 4 5 6 7 8 9 10

칭찬 스티커를
붙이세요.

23

문제를 다 푼 다음, 32쪽으로!

식을 이용한 덧셈과 뺄셈

 덧셈과 뺄셈을 하세요.

2 + 1 = ☐   6 + 2 = ☐

3 − 2 = ☐   7 − 3 = ☐

4 + 3 = ☐   8 + 2 = ☐

5 − 4 = ☐   9 − 5 = ☐

+ 기호는
'더하라'는 뜻이고,
─ 기호는
'빼라'는 뜻이야.

 = 기호는
'같다'는 뜻이야.

1   2   3   4   5

□ 안에 알맞은 수를 써서 덧셈식과 뺄셈식을 완성하세요.

$2 - \boxed{} = 1$　　　　$6 - \boxed{} = 1$

$3 + \boxed{} = 7$　　　　$7 + \boxed{} = 9$

$4 - \boxed{} = 2$　　　　$8 - \boxed{} = 4$

$5 + \boxed{} = 8$　　　　$9 + \boxed{} = 10$

수직선을 이용하면
도움이 될 거야.

문제를 풀기 전에
＋인지 ━인지 기호를
먼저 확인해 봐.

 덧셈, 뺄셈 놀이

2개의 주사위를 이용해서 덧셈 놀이를 해요. 주사위를 굴려서 나온 두 수를
더해서 말해 보세요. 단, 주사위의 점이 둘 다 5 이상의 수가 나오면 다시 굴려요.

이번에는 주사위로 뺄셈 놀이를 해요.
주사위를 굴려서 나온 두 수 중에서 큰 수에서
작은 수를 빼서 남은 수를 말해 보세요.

10

8　9

7

6

칭찬 스티커를
붙이세요.

문제를 다 푼 다음, 32쪽으로!

더해서 10 만들기

 더해서 10이 되도록 빈 곳에 알맞은 수의 그림을 그리세요.

5에 5를 더하면 10이야.

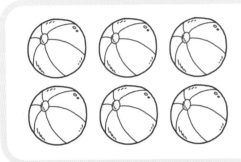

더해서 **10**이 되는 수를 찾아 ⬜ 안에 쓰세요.

5 에 ⬜ 를 더하면 **10**이 됩니다.

8 에 ⬜ 를 더하면 **10**이 됩니다.

6 에 ⬜ 를 더하면 **10**이 됩니다.

9 에 ⬜ 을 더하면 **10**이 됩니다.

4 에 ⬜ 을 더하면 **10**이 됩니다.

7 에 ⬜ 을 더하면 **10**이 됩니다.

2 에 ⬜ 을 더하면 **10**이 됩니다.

3 에 ⬜ 을 더하면 **10**이 됩니다.

1 에 ⬜ 를 더하면 **10**이 됩니다.

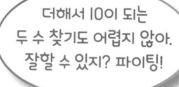
더해서 **10**이 되는
두 수 찾기도 어렵지 않아.
잘할 수 있지? 파이팅!

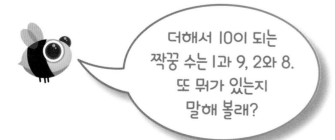
더해서 **10**이 되는
짝꿍 수는 **1**과 **9**, **2**와 **8**.
또 뭐가 있는지
말해 볼래?

칭찬 스티커를
붙이세요.

문제를 다 푼 다음, 32쪽으로!

수직선을 이용한 덧셈 (3)

수직선에서 두 수를 더한 수를 찾아 ☐ 안에 쓰세요.

두 수를 더한 값이 10보다 큰 수여도 놀라지 마. 수직선에서 보면 쉽게 알 수 있어.

8에 3을 더하면

0 1 2 3 4 5 6 7 8 9 10 ⑪ 12 13 14 15 16 17 18 19 20

☐ 11

7에 5를 더하면

0 1 2 3 4 5 6 7 8 9 10 11 12 13 14 15 16 17 18 19 20

☐

9에 4를 더하면

0 1 2 3 4 5 6 7 8 9 10 11 12 13 14 15 16 17 18 19 20

☐

6에 6을 더하면

0 1 2 3 4 5 6 7 8 9 10 11 12 13 14 15 16 17 18 19 20

☐

9에 8을 더하면

0 1 2 3 4 5 6 7 8 9 10 11 12 13 14 15 16 17 18 19 20

☐

7에 9를 더하면

0 1 2 3 4 5 6 7 8 9 10 11 12 13 14 15 16 17 18 19 20

☐

덧셈을 하세요.

$8 + 4 = \boxed{}$ $8 + 7 = \boxed{}$ $7 + 5 = \boxed{}$

$9 + 2 = \boxed{}$ $9 + 4 = \boxed{}$ $6 + 9 = \boxed{}$

$6 + 8 = \boxed{}$ $7 + 6 = \boxed{}$ $7 + 4 = \boxed{}$

$7 + 9 = \boxed{}$ $8 + 9 = \boxed{}$ $9 + 5 = \boxed{}$

덧셈을 할 때는
+ 앞에 있는 더해지는 수를
꼭 기억해야 해.
수직선에서 덧셈을 할 때도
더해지는 수부터 출발했던 거
기억하고 있지?

 더하기 놀이

종이 카드에 각각 1부터 9까지 수를 쓰세요. 카드를 뒤집어 놓은 다음, 두 장의 카드를 골라 수를 확인하세요. 그리고 두 수를 더하면 몇인지 말해 보세요.
또는 둘이 짝을 지어 카드를 한 장씩 고른 다음, 두 수를 더한 값을 먼저 말하는 사람이 이기는 게임을 해도 재미있어요.

칭찬 스티커를
붙이세요.

문제를 다 푼 다음, 32쪽으로!

두 배 만들기

빈칸에 같은 수의 점을 그리고,
합한 수를 ⬭ 안에 쓰세요.

2의 두 배는
'2 더하기 2'라는
뜻이야.

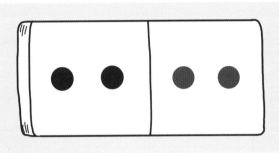 2의 두 배는 **4**

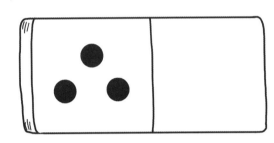 3의 두 배는

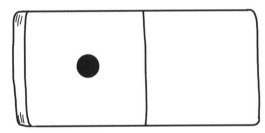 1의 두 배는

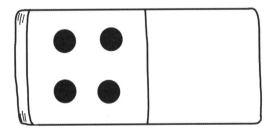 4의 두 배는

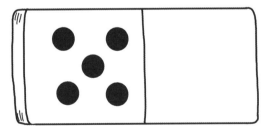 5의 두 배는

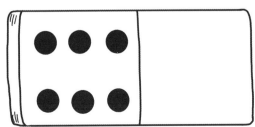 6의 두 배는

각 수의 두 배가 되는 수를 찾아 선으로 이으세요.

2의 두 배   6

1의 두 배   4

3의 두 배   10

5의 두 배   2

6의 두 배   12

4의 두 배   18

7의 두 배   8

9의 두 배   16

8의 두 배   14

조금 어려워도
도전해 봐.

칭찬 스티커를
붙이세요.

문제를 다 푼 다음, 32쪽으로!

나의 실력 점검표

 얼굴에 색칠하세요.

쪽	나의 실력은?	스스로 점검해요!		
2~3	수를 세어 수가 더 많은 것을 찾을 수 있어요.	😊	😐	😟
4~5	0부터 9까지의 수에 1 더한 수를 알아요.	😊	😐	😟
6~7	수직선을 이용하여 0부터 9까지의 수에 1 더한 수를 알아요.	😊	😐	😟
8~9	그림을 이용하여 덧셈을 할 수 있어요.	😊	😐	😟
10~11	수직선을 이용하여 덧셈을 할 수 있어요.	😊	😐	😟
12~13	수를 세어 수가 더 적은 것을 찾을 수 있어요.	😊	😐	😟
14~15	2부터 9까지의 수에서 1을 뺀 남은 수를 알아요.	😊	😐	😟
16~17	수직선을 이용하여 2부터 9까지의 수에서 1을 뺀 남은 수를 알아요.	😊	😐	😟
18~19	그림을 이용하여 2부터 9까지의 수에서 빼기를 하고 남은 수를 알아요.	😊	😐	😟
20~21	수직선을 이용하여 2부터 9까지의 수에서 빼기를 하고 남은 수를 알아요.	😊	😐	😟
22~23	수직선을 이용하여 덧셈과 뺄셈을 할 수 있어요.	😊	😐	😟
24~25	덧셈식과 뺄셈식을 계산할 수 있어요.	😊	😐	😟
26~27	더해서 10이 되는 두 수를 알아요.	😊	😐	😟
28~29	수직선을 이용해서 더한 수가 10이 넘는 덧셈을 할 수 있어요.	😊	😐	😟
30~31	1부터 9까지 각 수의 두 배가 되는 수를 말할 수 있어요.	😊	😐	😟

나와 함께 한 공부 어땠어?

정답

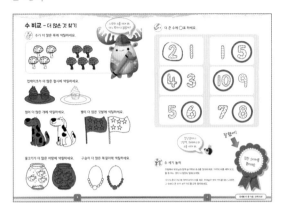

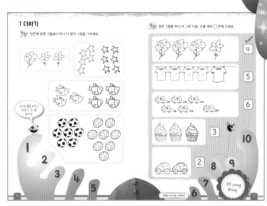

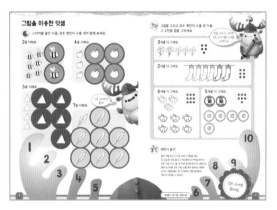

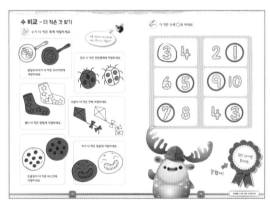

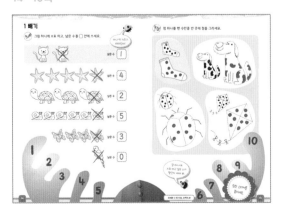

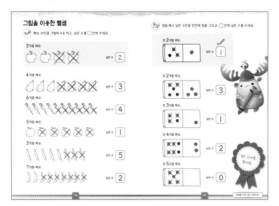

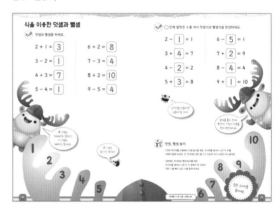

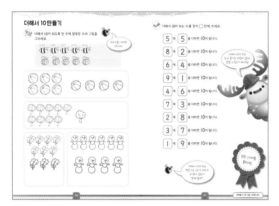

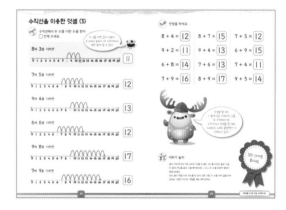

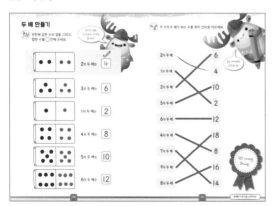

런런 옥스퍼드 수학

1-4 덧셈과 뺄셈

초판 1쇄 발행 2022년 12월 6일
글·그림 옥스퍼드 대학교 출판부 **옮김** 상상오름
발행인 이재진 **편집장** 안경숙 **편집 관리** 윤정원 **편집 및 디자인** 상상오름
마케팅 정지운, 김미정, 신희용, 박현아, 박소현 **국제업무** 장민경, 오지나 **제작** 신홍섭
펴낸곳 (주)웅진씽크빅
주소 경기도 파주시 회동길 20 (우)10881
문의 031)956-7403(편집), 02)3670-1191, 031)956-7065, 7069(마케팅)
홈페이지 www.wjjunior.co.kr **블로그** wj_junior.blog.me **페이스북** facebook.com/wjbook
트위터 @wjbooks **인스타그램** @woongjin_junior
출판신고 1980년 3월 29일 제406-2007-00046호
원제 PROGRESS WITH OXFORD: MATH
한국어판 출판권 ⓒ(주)웅진씽크빅, 2022 **제조국** 대한민국

『Addition and Subtraction』 was originally published in English in 2017.
This translation is published by arrangement with Oxford University Press.
Woongjin Think Big Co., LTD is solely responsible for this translation from the original work and
Oxford University Press shall have no liability for any errors, omissions or inaccuracies or ambiguities
in such translation or for any losses caused by reliance thereon.

Korean translation copyright ⓒ2022 by Woongjin Think Big Co., LTD
Korean translation rights arranged with Oxford University Press through EYA(Eric Yang Agency).

ISBN 978-89-01-26514-8
ISBN 978-89-01-26510-0 (세트)

잘못 만들어진 책은 바꾸어 드립니다.
주의 1. 책 모서리가 날카로워 다칠 수 있으니 사람을 향해 던지거나 떨어뜨리지 마십시오.
　　　2. 보관 시 직사광선이나 습기 찬 곳은 피해 주십시오.